U0161999

地球篇

哇，科学有故事！

天气的故事

[韩] 朴勇基 / 文　[韩] 郑智允 / 绘　千太阳 / 译

人民东方出版传媒
People's Oriental Publishing & Media
东方出版社
The Oriental Press

霍华德

能不能根据云的形状判断天气呢？

如果想要预测天气，
我应该怎么做？

菲茨罗伊

有什么办法可以了解
到天上的天气呢？

格莱舍

目录

霍华德老师，听说只看云就能判断出天气？

每当我出神地望着窗外的云，人们就告诉我变化无常的云没有任何用处。但是我偏偏就很想研究云。因为我总觉得只要认真观察云的形状，就有可能预测到天气的变化。

当卢克·霍华德十岁左右时，位于英国北部的冰岛有一座火山爆发了。

火山灰飞到空中，遮住欧洲的天空整整一年。即使在盛夏，天空中也乌云密布，电闪雷鸣，让人无比恐慌。

即使是如此恶劣的天气，霍华德依然喜欢观察云。

因为这些云会让他幻想到很多故事。当乌云席卷而来时，他觉得那是坏蛋巨人攻打过来了；当闪电划过天空时，他又觉得那是宙斯在攻击那个巨人；当西边天空中的云被染成金黄色时，他觉得眼前的景色比任何伟大画家的作品都要美丽。可以说是火山爆发时产生的乌云，成为霍华德喜欢上云的契机。

从那时起，霍华德每天都会写两篇天气日记。这一习惯一直伴随了他的一生。

用温度计和气压计测量每天的气温和气压。

记录一下是否有雨或多云。

如果遇到多云的一天，他甚至会把自己看到的云画下来。

云的三种形状

卷云是指高高地飘在晴空中的云。

当层云飘浮在海天相接的位置时，如果太阳正好落山，它就会被染成美丽的晚霞。

1795 年，自从在伦敦开了一家药店后，霍华德开始对云和天气展开更专业的观察和研究。几年后，霍华德得到了一个可以在众人面前讲述自己研究成果的机会。

他怀着激动的心情站在众人面前。

观众们也带着好奇和期待的心情，认真倾听他的演讲。

积云底部非常平坦，顶部凸起，并垂直
向上发展，所以也称为"棉花云"。

"云主要分为卷云、层云和积云三种形状。"

台下的听众开始纷纷议论起来。他们没想到云的形状居然只有三
种。关键是从来没有人对他们讲过这些。

"鸟羽形状的卷云、向四周铺散开来的层云，以及一团团堆积在一
起的积云。"

然而，人们不愿意相信霍华德所说的。

在他们看来，云变化多端，根本没有办法简单地对它们进行分类。

霍华德并没有气馁，在同事们的鼓励下，他更加努力地研究云。

1803 年，霍华德终于把自己的研究成果编纂成书。

在这本书中，霍华德对云的产生原理进行了详细的说明。

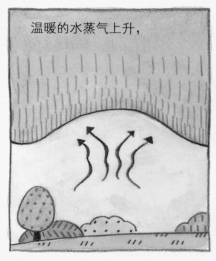
温暖的水蒸气上升，

与冷空气相遇后变成小水滴，

这些小水滴会反射阳光，于是就成为我们眼中所看到的云。

此外，对于云的形状，书中更是做了更加详细的解释。在三种云外，他还加入了四种云：既是卷云又是层云的卷层云、既是卷云又是积云的卷积云、既是层云又是积云的层积云，以及暴雨前夕的雨层云，将云重新分为七个类型。

当时气象学家的分类

模糊的云
像羊毛一样的云
像城堡一样的云
带着马尾的云

霍华德的分类

卷云　　卷层云
层云　　卷积云
积云　　层积云
　　　　雨层云

"由于风通常从西边吹向东边，所以只要观察西边形成的云，我们就可以预测到明天的天气。假如卷云变成卷层云或卷积云，第二天很有可能就会下雨。"

在书中，霍华德还阐明了云的形态与天气变化的关系。霍华德的分类法渐渐被气象学家们接受，为气象学的发展提供了很大的帮助。

如今，人们在霍华德进行分类的基础上又加入三个种类，因此按照国际标准，云共有十种。

云的分类

根据形状，云可以分为十种。最基本的有鸟羽状的卷云、向四周铺散开来的层云、一团团堆积在一起的积云等三种，以及卷积云、卷层云、高积云、高层云、层积云、雨层云、积雨云等种类。云的形状每时每刻都在变化，而我们根据云的变化就能预测天气。

卷云

晴天时出现的一种云，呈细丝状。

高积云

如果云的边缘慢慢变浅，天气就会放晴。它还有一个名字，叫作"羊群云"。

层云

虽然有时候会下细雨，但是很快就会消散掉。

积云

常见于夏季天气晴朗的午后，呈团块状，又被称为"团云"。

层积云

偶尔下小雨、小雪或冰雹时出现。

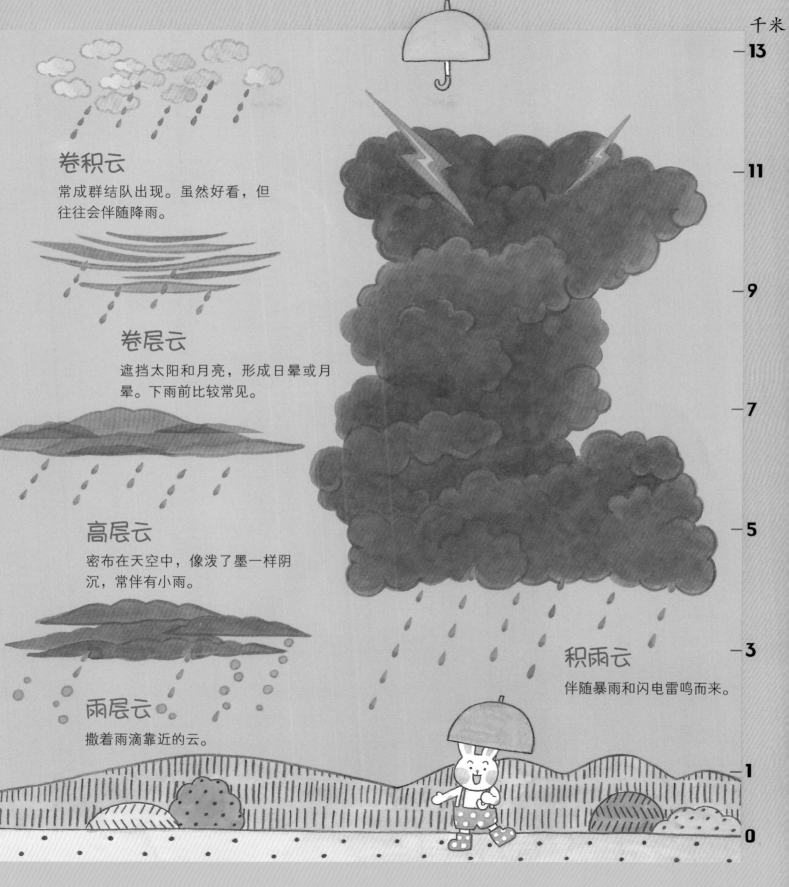

千米

卷积云

常成群结队出现。虽然好看，但往往会伴随降雨。

卷层云

遮挡太阳和月亮，形成日晕或月晕。下雨前比较常见。

高层云

密布在天空中，像泼了墨一样阴沉，常伴有小雨。

雨层云

撒着雨滴靠近的云。

积雨云

伴随暴雨和闪电雷鸣而来。

随心所欲地控制降雨

1946 年 11 月 13 日，美国一架小型飞机正扶摇而上。

这架飞机里装载着 1.5 千克的干冰。当飞机飞到 4 千米的高空中时，层积云正覆盖着天空。

驾驶员在层积云上喷洒下干冰。于是，云中的水滴顿时凝结成一颗颗冰粒。空气承受不住冰粒的重量，以雪的形态掉落到地上。这就是世界上首次进行人工降雨的一幕。怎么样？是不是感到很震惊？

从那以后，人们又展开发射导弹到空中引爆，从而形成降雨的实验。然而直到现在，科学家们依然没能掌握可以准确控制降雨的技术。另外，由于每次做实验都要花费很多费用，所以科学家们根本无法频繁地进行人工降雨实验。

不过，如果人们能够掌握在干旱时降雨、在多雨时节停雨的技术，相信会对我们的生活带来很大的帮助。据说，降雨还能减少雾霾等大气污染。不可否认，人工降雨确实是一种十分令人期待的技术。

发射人工降雨导弹的场景

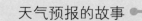

菲茨罗伊船长，
**听说人们可以
预测天气？**

　　自从 12 岁那年进入皇家海军学院之后，我就经常乘船出海。由于长时间待在海上，我自然而然地对天气产生了兴趣。有时候，我还会研究一些预测天气的方法。后来，我成了气象局局长，做天气预报的愿望才真正得以实现。

1828 年，罗伯特·菲茨罗伊成为贝格尔号的船长。当时，贝格尔号接到勘探南美洲大陆合恩角周边的任务。

合恩角是一个暴风雨肆虐的地方，所以菲茨罗伊不得不经常关注天气情况。

不久，勘探结束，菲茨罗伊踏上回国的路。

一天晚上，月光皎洁，风平浪静。菲茨罗伊感觉到空气异常湿润，便向船员询问了一下气压情况。

"气压一下子下降了好多。"

菲茨罗伊立即命令船员们降下船帆，捆好甲板上的物品。船员们感到不满，纷纷抱怨道："今天一点儿风都没有，海上也是风平浪静，船长是不是有点儿小题大做了？"

气压很不正常。

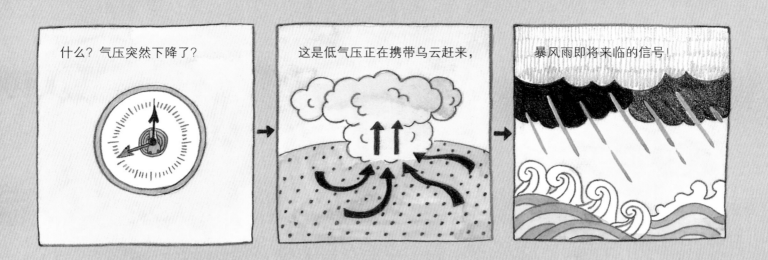

什么？气压突然下降了？

这是低气压正在携带乌云赶来，

暴风雨即将来临的信号！

    果然，没过多久，天上开始掉落雨点，随后迎来狂风暴雨。由于提前做好了准备，贝格尔号有惊无险地穿过了暴风雨。这都归功于菲茨罗伊拥有丰富的气象知识。

1854 年，49 岁的菲茨罗伊当上了英国气象局局长。

由于拥有丰富的航海经验，所以菲茨罗伊明白预测天气是一件多么重要的事情。于是，当上气象局局长后，他最先想到的就是做天气预报。

当时，研究天气的气象学还没有正式发展起来，所以想要提前了解次日的天气是一件非常困难的事情。而且人们对天气预测的了解，只停留在乌云密布或空气非常潮湿就有可能下雨的阶段。

即便如此，菲茨罗伊依然有条不紊地把做天气预报落实到实践当中。

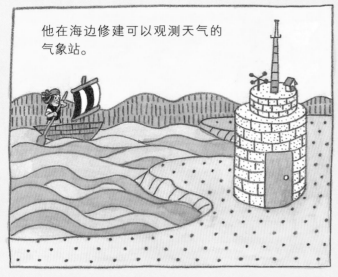

他在海边修建可以观测天气的气象站。

气象站每天对天气进行观测，再把观测资料送到气象局。

看到资料后，气象局就会预测暴风的出现时间，再向全国的港口下达暴风预警。

如此一来，渔民们就能在暴风来临前，把船停靠在安全的地方，躲避暴风。

英国四面环海，经常伴有暴风，所以海岸时常被水淹没，船只受损也是家常便饭。

而正是暴风预警的出现，使得停靠在港口的船只无辜受损的情况大幅减少。

菲茨罗伊并没有满足于暴风预警。他还制定出一套每天都预报天气的计划。

他不仅在海边修建气象站，还在英国内陆各地修建气象站，并将自己制作的温度计、气压计、湿度计寄到气象站，以便能收集更准确的观测数据。而且，每天他都要对接收到的观测数据进行分析。

菲茨罗伊忙碌的一天

每天菲茨罗伊上班后的第一件事就是向职员们大喊："气象站的资料送过来了吗？"

他要求职员们把风的方向和大小、温度、气压、湿度等标记在画着英国领土和周边海域的地图上。"快，都给我麻利点儿！还有，不要漏掉一个，一定要全都给我标记好！"

菲茨罗伊望着画好的图纸说："嗯，全国的天气一目了然！"

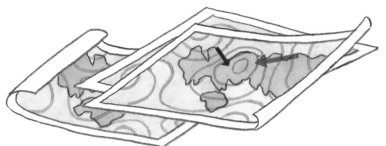

菲茨罗伊设计的气象图，是用线把气压相同的地方连起来，然后在气压线上用箭头标记出风向。风力强就画个长箭头，风力弱就画个短箭头。而它就是我们今天做天气预报时所使用的气象图的雏形。

他一边看着图纸分析天气信息，一边完善可以预测天气的资料。"尽快把资料发给《泰晤士报》。"

气象站送来了下午的资料。"真的是太忙了。下午还要分析一下是否与上午得出的结果有出入，之后还要预测明天的天气……"

有一天，他接到了来自英国皇室的电话。因为维多利亚女王每次出门时，都会给气象局打电话询问天气情况。

人们在看到早间新闻后，也开始关注每天的天气。没过多久，天气预报便成为英国人生活中不可或缺的一部分。

不过遗憾的是，与现在比起来，由于缺乏观测设备和有关天气预测的知识，当时做出来的天气预报大多时候都不是很准确。

每当预报天气有误时，人们就会给报社打电话进行投诉。

这也让菲茨罗伊感到伤心不已。

毕竟在计算机和各种气象设备有了巨大发展的现在，天气预报也无法做到百分之百准确。天气就是如此复杂、难测。而当年选择做这件事情的气象局最终成了如今的英国气象厅。

可以说，菲茨罗伊是世界上第一个开始做天气预报和创建气象局的科学家。现在，天气预报已经成为我们生活中不可缺少的一部分。

天气预报

天气预报是指提前告知未来天气。通常气象局会每三个小时观测一次天气，然后对明天的天气、未来三天的天气、未来一周的天气进行预报。被观测到的天气信息会记录在气象图上，然后人们根据多张气象图上标记出来的气温、风向、风力、气压等的变化预测天气。

气象图中使用的符号

虽然气温和气压可以用数字来表示，但是风的大小和方向、云的数量等都只能用符号来表示。

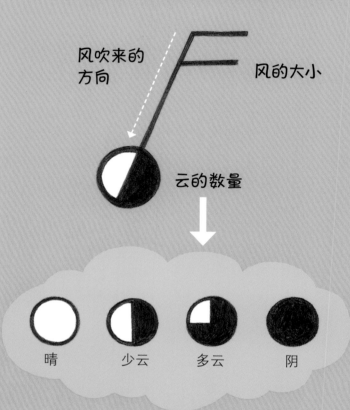

风吹来的方向

风的大小

云的数量

晴　　少云　　多云　　阴

其他天气符号

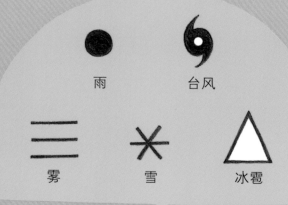

雨　　台风

雾　　雪　　冰雹

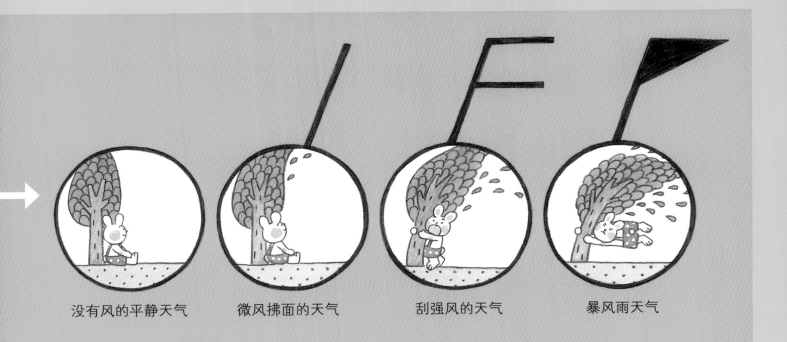

没有风的平静天气　　微风拂面的天气　　刮强风的天气　　暴风雨天气

观察气象图，预测天气

从气象图上可以看出，此处是一个处于低气压的地区。天气普遍多云、阴，还有从西南方吹来的强风。

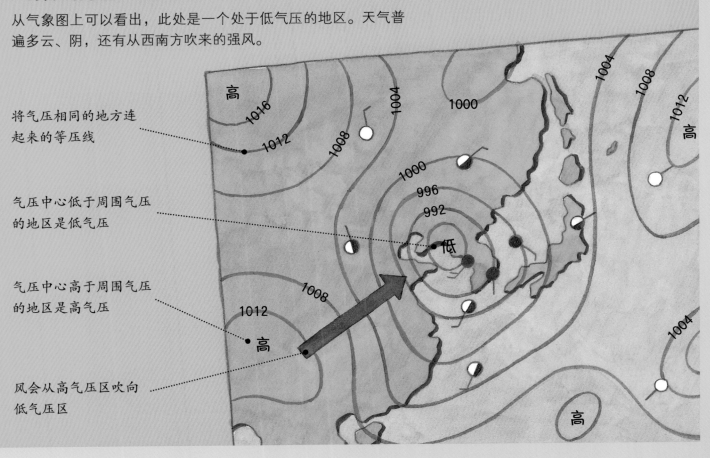

将气压相同的地方连起来的等压线

气压中心低于周围气压的地区是低气压

气压中心高于周围气压的地区是高气压

风会从高气压区吹向低气压区

可以预报天气的动物们

　　动物有着比人类敏锐数百倍、数千倍的感官。2008 年，中国四川省发生了一场大地震。听说在地震发生之前，曾出现过数十万只蟾蜍迁移的场景。难道蟾蜍早就预测到会发生地震吗？在没有天气预报的过去，人们往往会根据动物们的异常举动预测天气。

　　例如，看到燕子飞得很低，人们就知道会下雨，便急忙去收衣服。这种说法其实非常科学。因为在下雨之前空气非常潮湿，这就导致昆虫的翅膀会变重，从而无法飞得太高。如此一来，捕食昆虫的燕子也不得不在低空中飞行。

　　"蚂蚁们正排成一队在赶路，看来是要下雨了。"这种说法也对吗？

　　如果空气变得潮湿，那蚂蚁们生活的洞穴也会跟着变得潮湿。如此一来，它们储存的粮食就有可能变质。于是，为了将粮食搬到其他地方，蚂蚁就会紧急"搬家"。怎么样？是不是觉得很神奇？

　　有时，我们确实不得不佩服古人的智慧。他们居然能够在没有天气预报的时候，通过经验预测天气。

下雨前在低空飞行的燕子

格莱舍老师，**您要坐热气球去哪儿啊？**

为了能够像鸟儿一样翱翔于空中，人们发明了热气球。虽说有时会梦到自己乘坐热气球飘到遥远的地方去旅行，但是我真正感到好奇的其实是天空中的天气情况。它们会不会与地面上有所不同？如果不同，又会是什么样的不同？为了揭开这个谜底，我决定亲自乘坐热气球去看一看。

对在英国气象局工作的詹姆斯·格莱舍来说，抬头观察天空已成了每天的必修课。

某一天，格莱舍望着晴朗的天空自言自语道："如果飞到高空中，那里会是什么样的风景？毕竟靠近太阳，可能会更温暖吧。"

格莱舍很想到高空去看看。云总是飘在空中，雨会从空中落下。他很好奇到了高空中会发生什么样的事情。

但人又不是小鸟，哪里能够飞上天空。

当时，人们还没有发明出飞机来。不过，有一个办法倒是可以上天。

那就是乘坐热气球。热气球是 18 世纪 80 年代法国最先发明出来的飞行工具。很多人都喜欢乘坐热气球，但是从未有人想过乘坐热气球去观测天气。

1862 年，格莱舍与热气球专家亨利·科克斯韦尔一起坐上了热气球。

同样搬上热气球的还有可以测量温度、湿度、气压的设备，以及一只鸽子。

他们想知道随着高度的上升，鸽子会做出什么样的反应。

在众人的关注下，热气球慢慢地向高空飞去。

但是没上升多高，他们就遇到了袭来的暴风雨。

"危险！赶紧调转方向！"格莱舍大喊道。

高度5千米

但是，热气球瞬间就被吸进了暴风雨中。

热气球剧烈地晃动起来。

他们也以为自己这次必死无疑。

庆幸的是，热气球成功地逃出了暴风雨的范围。

之后，热气球开始继续升空。

而到了5千米高度的时候，气温骤然降到零下8摄氏度。

格莱舍俯视着地面，感慨道："世界竟然会变得如此渺小。原来云一直都是这样俯视世间的。"

格莱舍确认了自己的猜测是正确的。

上升得越高，气压就变得越低。

但是湿度的变化却没有规律。

并不是空气越稀薄，湿度就越低。

当高度达到 8 千米时，鸽子死掉了。

气温变得越来越低，氧气越来越稀薄，呼吸也越来越困难。

"不能再继续上升了。我们还是下去吧。"

科克斯韦尔想关闭燃烧器，但是阀门因为被绳子缠住失灵了。

"阀门关不上了！"

这时，热气球依然在上升。

格莱舍身体快要被冻僵了，最终失去了知觉。

科克斯韦尔不顾生命危险，解开了缠在阀门上的绳子。

终于，热气球停止了上升。

科克斯韦尔连忙摇醒格莱舍。

"高度是多少？"

"11千米！温度是零下39摄氏度，气压是25千帕。"

"我们能够活着简直是一个奇迹。"格莱舍含着眼泪说。

29

格莱舍和科克斯韦尔顺利返回地面。他们完成了人类从来没有尝试过的壮举,那就是抵达了当时人类所能到达的极限高度。

正是因为他们二人冒死进行挑战,人们才知晓高空中气温和气压会下降的事实。他们还证明了并不是离太阳越近就越温暖。

空气能够吸收的太阳热量非常少,所以高空中的气温不会比地面高。

阳光的热量大部分都由地面吸收了,所以地面气温比较高。

后来，格莱舍又多次乘坐热气球到高空中观测天气。当初格莱舍曾抵达的 11 千米的高空，我们称为"对流层顶"。从地面到对流层顶之间的空间，我们称为"对流层"。

对流层，顾名思义就是热空气和冷空气混在一起，引发一切天气变化的地方。

格莱舍称得上是人类历史上最早光顾过"天气制造现场"的人。

大气层

大气层是指包裹着地球的厚厚的空气层。根据不同的高度，大气层可分为对流层、平流层、中间层、热成层。其中，对流层是上升的热空气与下沉的冷空气相遇而发生对流的空间，是一个离地面有 11 千米远的地方。

不同高度的大气层形态

热成层

80~1000千米。由于几乎没有空气，所以越往上气温就越高。这里还有可以反射电波的电离层。

中间层

50~80千米。越往上气温越低，是大气层中气温最低的一层。

平流层

11~50千米。由于臭氧层会吸收紫外线，所以从25千米开始往上气温会上升。

对流层

从地面到11千米，越往上气温越低。空气发生对流，引发各种天气现象。

空气的结构

其他气体 (二氧化碳、氩气等) 约 **1%**

氧气 约 **21%**

氮气 约 **78%**

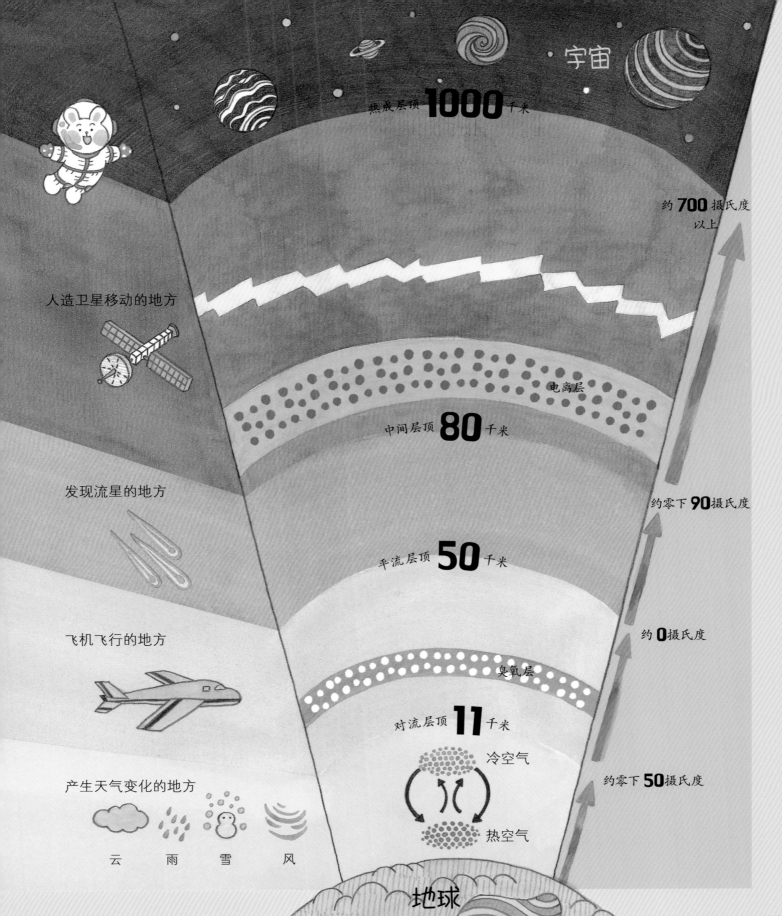

宇宙

热成层顶 **1000** 千米

约 **700** 摄氏度
以上

人造卫星移动的地方

电离层

中间层顶 **80** 千米

发现流星的地方

约零下 **90** 摄氏度

平流层顶 **50** 千米

飞机飞行的地方

约 **0** 摄氏度

臭氧层

对流层顶 **11** 千米

冷空气

产生天气变化的地方

约零下 **50** 摄氏度

热空气

云　雨　雪　风

地球

33

如何确定飞机航线？

沿着航线飞行的飞机

　　汽车在公路上行驶，火车在铁轨上前行。那么，在天空中飞翔的飞机又该以什么路线飞行呢？

　　天空不同于地面，四周都是敞开的，所以人们是否能乘飞机随心所欲地去自己想去的地方呢？

　　须知每一个国家的领土中都包含天空，所以要想在其他国家的领空上飞行就必须得到那个国家的认可。另外，由于无数架飞机同时在空中飞行，所以人们必须事先确定飞行路线，才可以保证避免发生碰撞。因此，虽然天空中看似什么都没有，但其实是存在人们事先确定好的飞行路线的。飞机的飞行路线称为"航线"。

　　随着航空产业的发展，人们迫切需要更快捷、更安全的航线。大部分飞机只能在接近对流层顶11千米左右的高空中飞行，由于对流层的天气变化无常，所以飞机在飞行过程中经常会遇到各种问题。不过，高性能的飞机往往可以在20千米高的空中飞行。平流层几乎没有天气变化，加上空气稀薄，飞机受到的风阻力会小很多，能节省很多燃料。另外，平流层中有一股从西向东快速流动的喷流，利用它就可以加快飞行速度。

为什么天气很难预测？

虽然人们已经得知包裹着地球的大气层是如何形成的，但是想要准确预测变化无常的天气依然不是一件容易的事。俗话说，蝴蝶扇一扇翅膀，就有可能引发一场风暴。这也说明了天气的形成过程非常复杂和极易受影响。即便如此，全世界的气象学家们依然在为更加准确地预测天气努力着。

公元前4世纪

《气象学》出版

亚里士多德在一本叫作《气象学》的书中对自然现象做了解释，其中就包含对云和气候的说明。

1803年

云的分类

霍华德出版了一本叫《关于云的变化》的书。书中将云分成七种。

1854年

开始制作天气预报

自从成为英国气象局局长后，菲茨罗伊每天都收集全国的天气资料，并制作天气预报。

标记的部分是正文中出现的内容。

探索对流层

1862年

格莱舍首次乘坐热气球上升到11千米的高空中测量了气温和气压。他进行探索的地方就是对流层。

20世纪30年代

使用探空气球

人们开始使用气象观测装备——探空气球。探空气球就是把观测装备挂在气球上送上高空，然后把观测到的气象资料发送回地面。

现在

未来气象学的最大课题就是诊断全球变暖带来的一系列气候变化，同时预防世界各地发生的气象灾害。为此，气象学家们正在动用数十枚气象观测卫星，密切观察着地球的大气动向。

37

图字：01-2019-6047

图书在版编目（ＣＩＰ）数据

天气的故事 /（韩）朴勇基文；（韩）郑智允绘；千太阳译 . —北京：东方出版社，2020.7
（哇，科学有故事！第一辑，生命·地球·宇宙）
ISBN 978-7-5207-1481-5

Ⅰ．①天… Ⅱ．①朴… ②郑… ③千… Ⅲ．①天气—青少年读物 Ⅳ．① P44-49

中国版本图书馆 CIP 数据核字（2020）第 038683 号

哇，科学有故事！地球篇·天气的故事
（WA，KEXUE YOU GUSHI! DIQIUPIAN · TIANQI DE GUSHI）
作　　者：［韩］朴勇基 / 文　　［韩］郑智允 / 绘
译　　者：千太阳

策划编辑：鲁艳芳　杨朝霞
责任编辑：杨朝霞　金　琪
出　　版：东方出版社
发　　行：人民东方出版传媒有限公司
地　　址：北京市西城区北三环中路6号
邮　　编：100120
印　　刷：北京彩和坊印刷有限公司
版　　次：2020年7月第1版
印　　次：2020年7月北京第1次印刷　2021年9月北京第4次印刷
开　　本：820毫米×950毫米　1/12
印　　张：4
字　　数：20千字
书　　号：ISBN 978-7-5207-1481-5
定　　价：398.00元（全14册）
发行电话：（010）85924663　85924644　85924641

✏ 文字　［韩］朴勇基

1963年出生于庆尚北道盈德郡。小时候观看夜空中的星星和银河的经历，以及跟童年玩伴们在田野里和河边玩耍的回忆成为想要为孩子们写书的动机。希望科学知识能够让孩子们发现大自然的神奇，同时帮助他们实现美好生活。主要作品有《64的秘密》《彩虹战士》《牡丹的后裔》《玛丽，阿萨比亚》《似懂非懂天气书》《最早的人类是谁呢》等。

🎨 插图　［韩］郑智允

出生于首尔，在大学学习东方画。记得小时候每当看到书中的插画就感到激动不已，没想到现在正做的就是曾经无比憧憬的事情。主要作品有《都是豆子》《走钢丝的孩子》《围着我们小区转一圈》等。

哇，科学有故事！（全 33 册）

扫一扫
看视频，学科学